欧式典藏系列

EUROPEAN CLASSIC

欧式别墅

European Villa

解 读 经 典 品 味 欧 式

中国林业出版社
China Forestry Publishing House

Contents

目录

穿透岁月的美

Through years of beauty

设计师：陈熠

项目名称：钟山国际高尔夫别墅

项目地点：江苏省南京市

项目面积：1700 平方米

摄影师：金啸文

本案为纯独栋绝版景观别墅，中式的庭院与西班牙风格的建筑融为一体，散发着混搭艺术的独特魅力。鉴于采用对称式的布局设计才能体现出空间的庄重与气派，设计师梳理了整栋别墅的轴线关系。在充分考虑主人入住后的舒适感与便捷度后，最终决定以东西这条横穿线为主轴线，配以纵贯南北的几条辅线，将每个空间的价值都发挥到极致。

负一层南北轴线以东为休闲活动区，以西为家政区，业主的私人收藏馆则安置在北面的山体之中。一层东西轴线以南为会客区，以北为较为私密的用餐和办公区域。二层整一层都是主人的休息区及活动区。

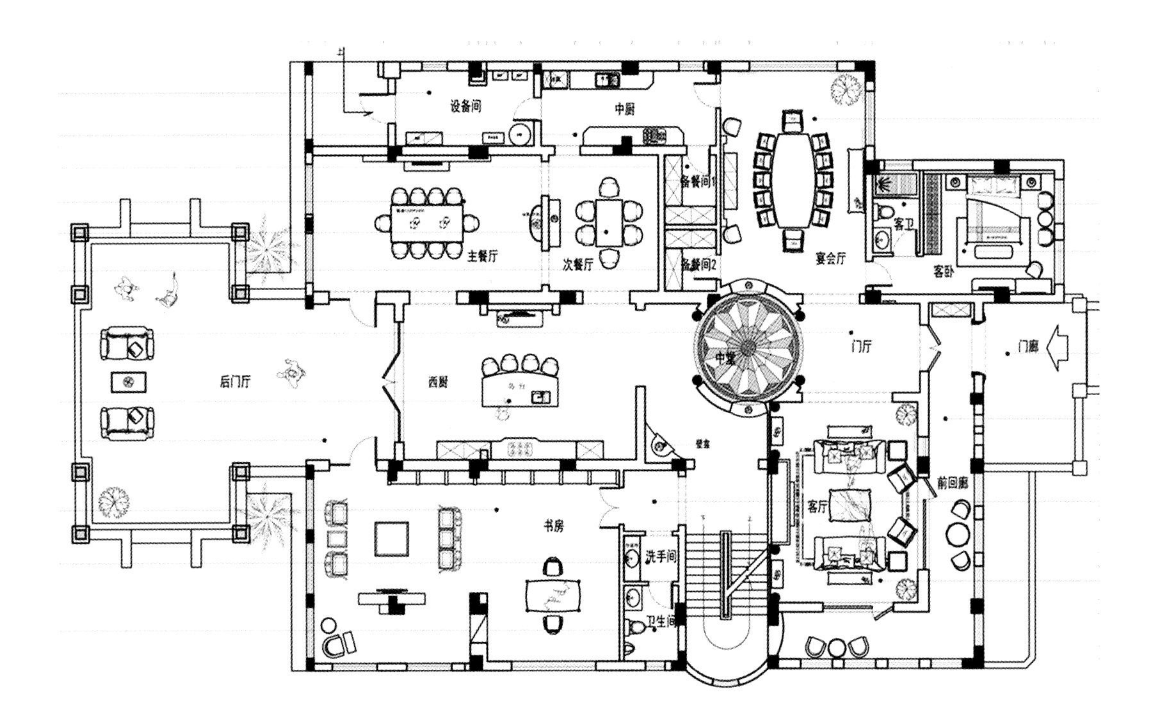
设备间
中厨
备餐间1
宴会厅
客卫
客卧
主餐厅
次餐厅
备餐间2
门厅
门廊
后门厅
西厨
中堂
前回廊
客厅
书房
洗手间
卫生间

一层平面布置图

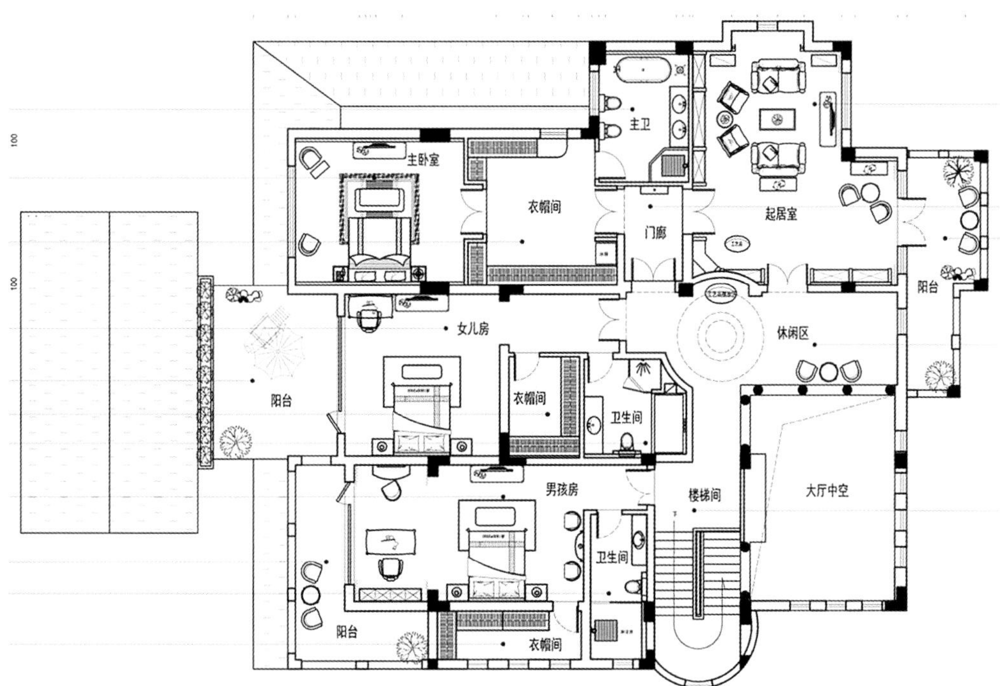

二层平面布置图

花開富貴

杭州桃花源沈宅

Hangzhou the Peach Garden

设计单位：PMG 国际设计机构　设计师：梁苏杭

项目地点：浙江省杭州市

项目面积：800 平方米

主要材料：墙纸、石材、涂料、铜制品、铁艺

同为新古典法式，我们在尝试摒弃一些表面的装饰，追寻更加贴合中心的文化内容。

原建筑格局几乎被完全打破，从更加体贴的人文关怀上重新梳理动线和格局，使之更加贴近生活。

整个项目在造型上面凸显出，无聊的选型与主题吻合，我们选择尽量温和的表达方式。

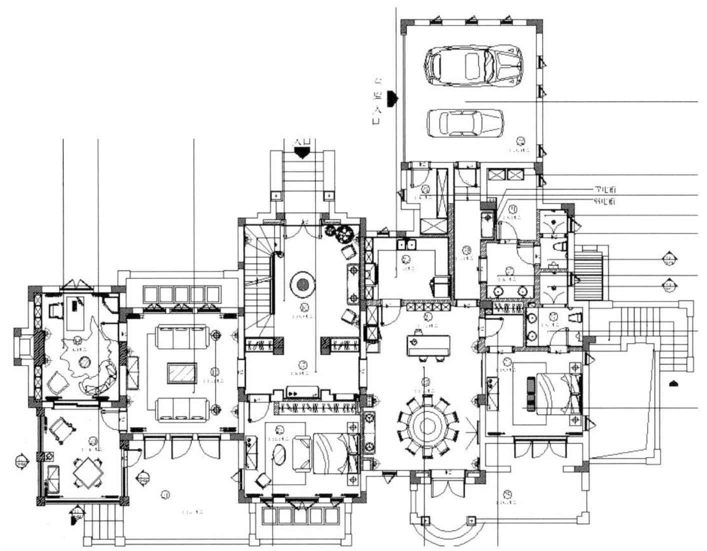

一层平面布置图

古典新生
Classical newborn

设计师：池陈平

项目名称：杭州大华西溪悦宫私宅

项目地点：浙江省杭州市

项目面积：500 平方米

这是大华西溪内一个欧式新古典主义别墅装饰案例。新古典主义虽然摒弃了古典主义过于复杂的肌理和装饰，却仍然不减欧式奢华风采，从整体到局部，从简单到繁杂，精雕细琢，镶花刻金都给人一丝不苟的印象。本案更是将欧式新古典主义的奢华风范演绎到极致，整个别墅装饰不论是空间布局，色彩搭配还是家具饰品，都散发着华贵高雅的韵味。

带点中式元素的玄关设计，还没进门，就感觉到了那股高雅的韵味。暗红的门，金黄的墙纸，搭配白色的玄关柜和素雅的装饰画，明亮大方，给人以开放、宽容的非凡气度，让人丝毫不显局促。

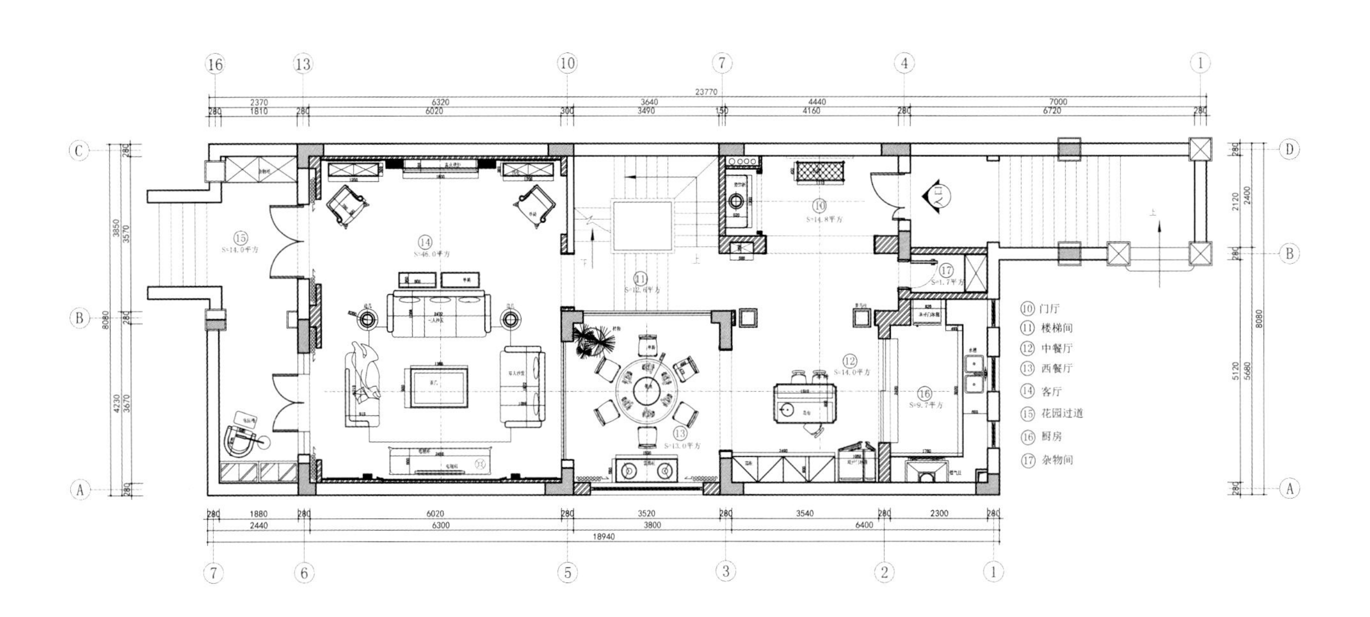

一层平面布置图

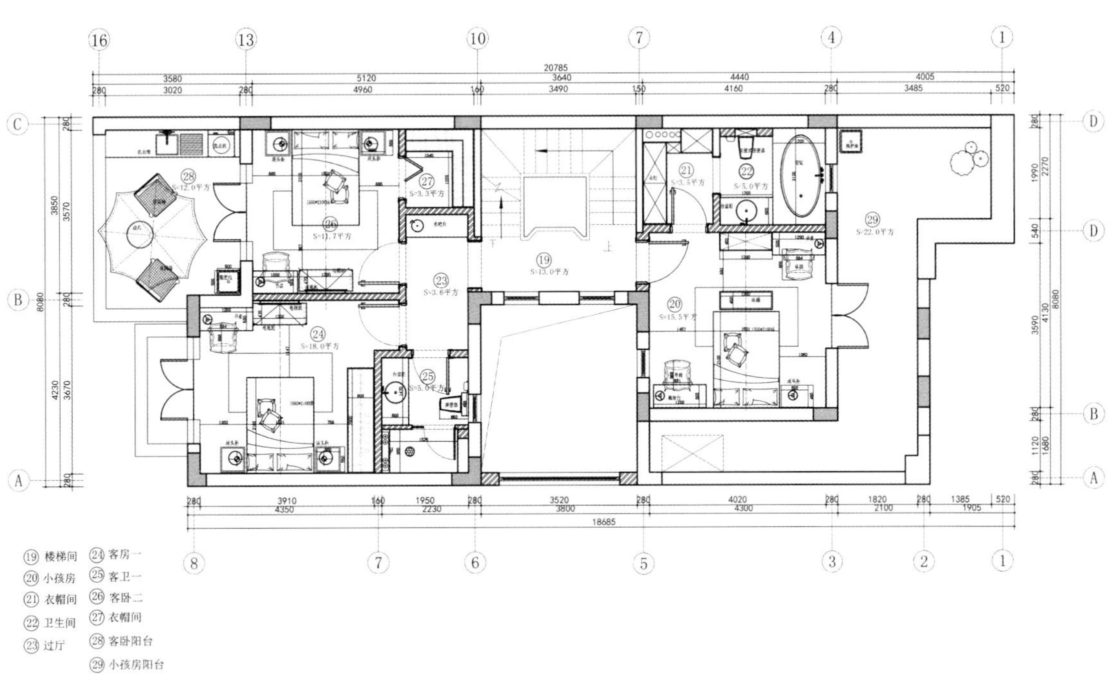

二层平面布置图

恋恋乡村风

Courtry-style Residences

设计师：任芳远　参与设计：丁洁华

项目名称：珠江壹千栋别墅

项目地点：北京市

项目面积：500 平方米

摄影师：张数

本案地处北京温泉资源核心区域，特殊的地理位置再辅以精致打造中国家族传承大别墅，受到了主流阶层和业界人士的追捧。业主期待更多的是一个美好而诗意的生活空间。在该项目的设计中，除去满足空间的功能性和完整性之外，与空间中融入一个完整的故事，体现“家”的精神面貌，是本案最大的诉求。

本案将古典的家具平民化，讲求简化的线条、粗犷的体积和棉麻质地的布艺，加入一些小碎花布艺、铁艺、陶艺制品。家具陈设的自然、怀旧，饰品、色彩的闲适、简单，摒弃生活中的繁杂，涤荡工作的繁重，只为自然之美。

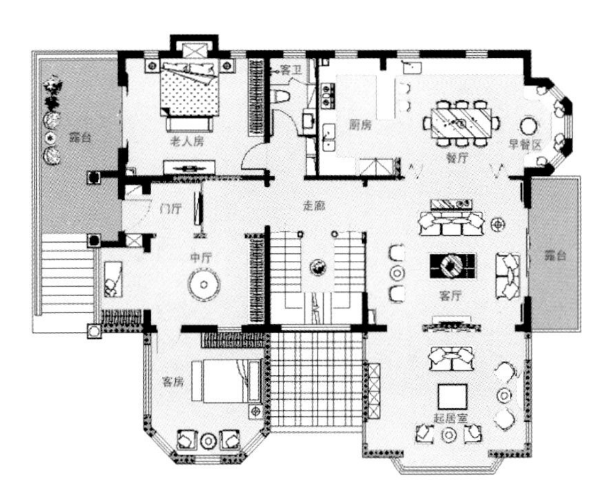

一层平面布置图

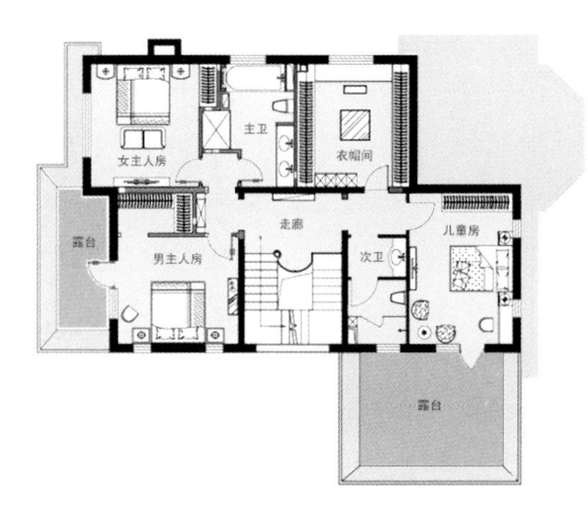

二层平面布置图

金地紫乐府

Jindi Zile villa

设计师：

项目地点：天津市

项目面积：350 平方米

在全球化的影响下，我们可以接触到世界上任何时间，地点的事物。当工艺和创意真实的反应其思想来源时，融合古典元素的设计是前卫的，当把历史以一种创新独特的方法协调在一起，成为一时的潮流时，当代古典设计风格会散发一种永恒感。

餐厅的调光设计可以制造出不同的氛围。走廊的处理是整个项目中鱼的“鳍”部分，具有古典鱼现代的双重审美效果，完全塑造出空间的独特个性。

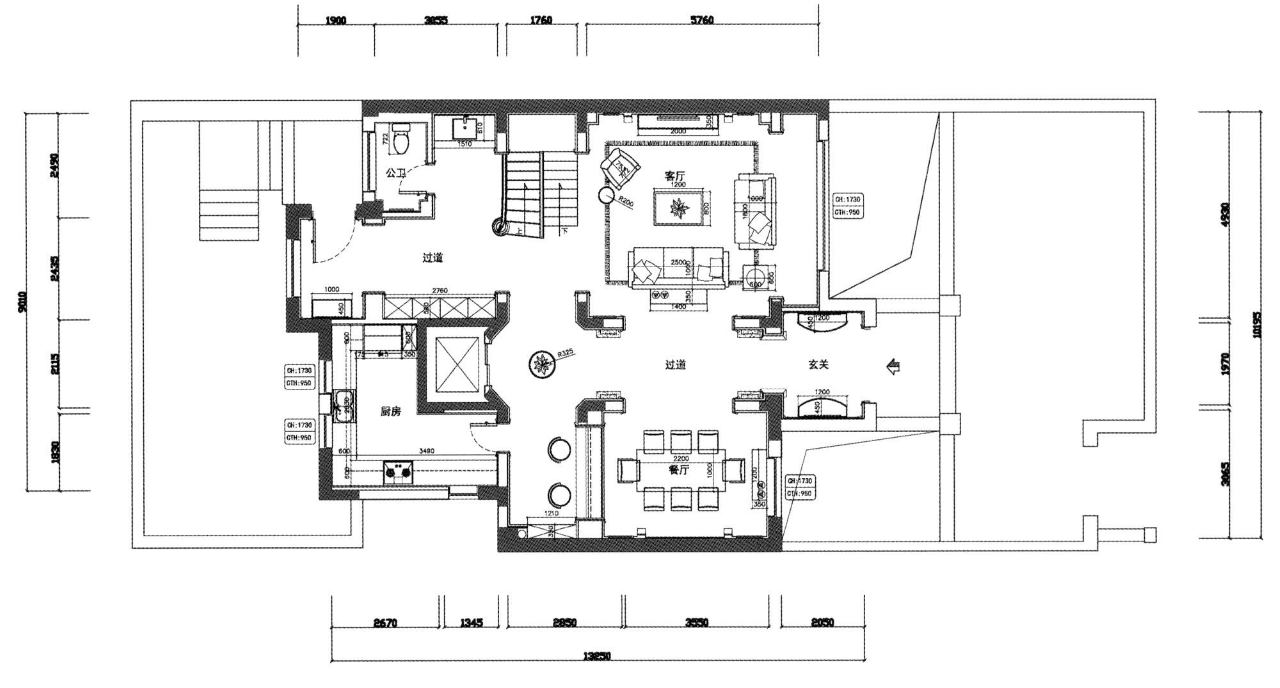

1900
3055
1760
5760
公卫
客厅
过道
厨房
过道
玄关
餐厅
2490
2435
2115
1830
9010
4930
1970
3065
10195
2670
1345
2850
3550
2050
13850

一层平面布置图

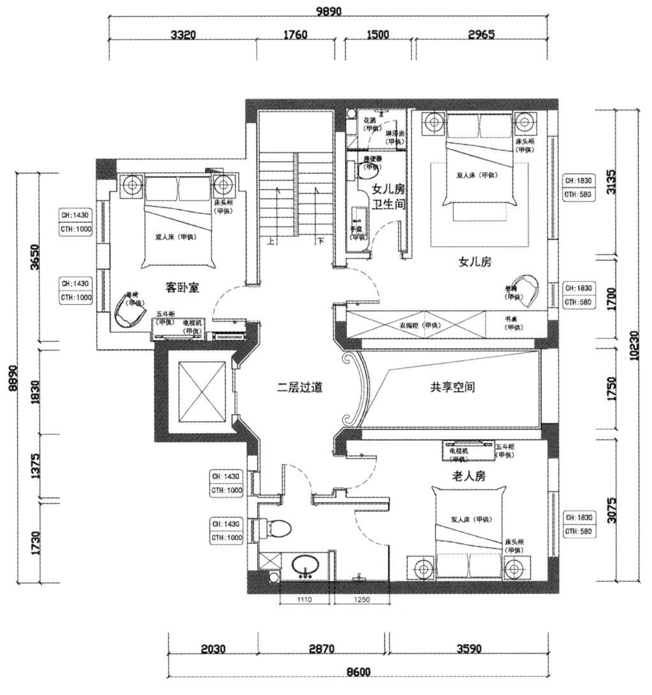

9890
3320
1760
1500
2965
女儿房
卫生间
女儿房
客卧室
二层过道
共享空间
老人房
双人床（甲供）
3135
1700
1750
3075
10230
3650
1830
1375
1730
8890
1110
1250
2030
2870
3590
8600

二层平面布置图

尽享法式奢华之美

Enjoy the French luxury beauty

设计师：王春

项目地点：江苏省昆山市

项目面积：580 平方米

主要材料：奥特曼大理石、黑金花大理石、仿石材地砖、进口墙纸、香槟色银铂、花梨木饰面擦色

摄影师：黄善忠

整体方案在策划方面特别考虑到国人对于法式的接受程度与审美标准，因此在设计策划与市场定位方面为法式新古典奢华风格，需要有一定经济实力与对高品位生活追求的人士才能驾驭。

项目创作中不断追求创新，不断追求完美，环境风格上摒弃巴洛克与洛可可时期的繁琐造型手法，在本案设计中更多的是提炼经典元素，再与现代材料及现代施工工艺相结合。更加简练大气又不失法式贵气。

布局空间上充分考虑空间的延伸感与视觉延伸感，减少包厢式的感觉，让整个空间在大的同时又具有很强的空间层次感。

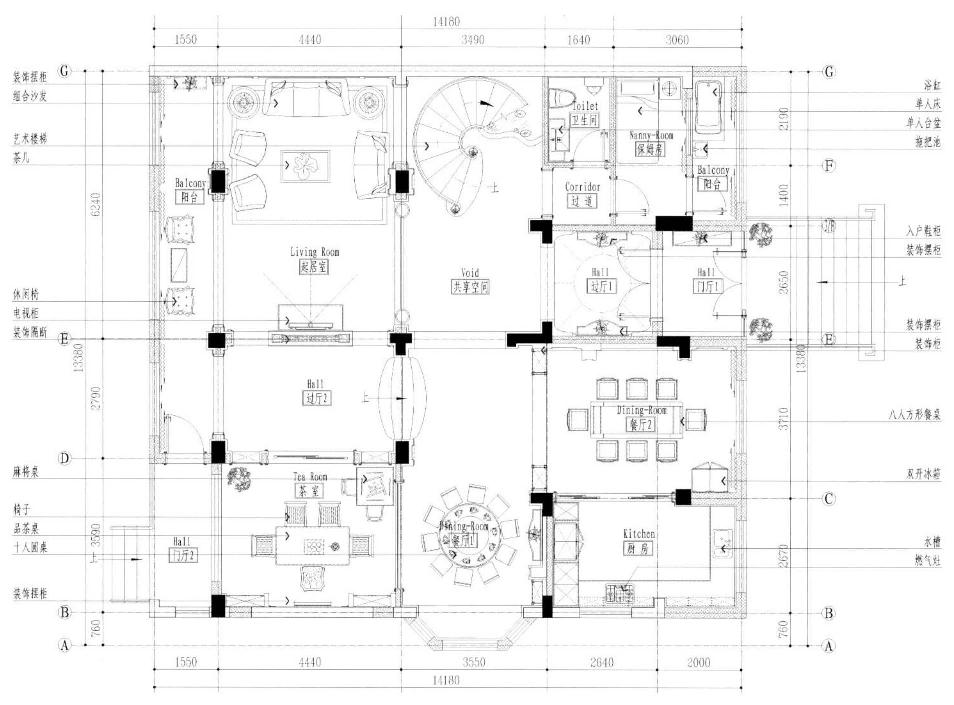
14180
1550
4440
3490
1640
3060
装饰摆柜
组合沙发
艺术楼梯
茶几
休闲椅
电视柜
装饰隔断
麻将桌
椅子
品茶桌
十人圆桌
装饰摆柜
浴缸
单人床
单人台盆
拖把池
入户鞋柜
装饰摆柜
装饰摆柜
装饰柜
八人方形餐桌
双开冰箱
水槽
燃气灶
Balcony
阳台
Living Room
起居室
Void
共享空间
Toilet
卫生间
Nanny-Room
保姆房
Corridor
过道
Balcony
阳台
Hall
过厅1
Hall
门厅1
Hall
过厅2
Dining-Room
餐厅2
Tea Room
茶室
Dining-Room
餐厅1
Kitchen
厨房
Hall
门厅2
1550
4440
3550
2640
2000
14180

一层平面布置图

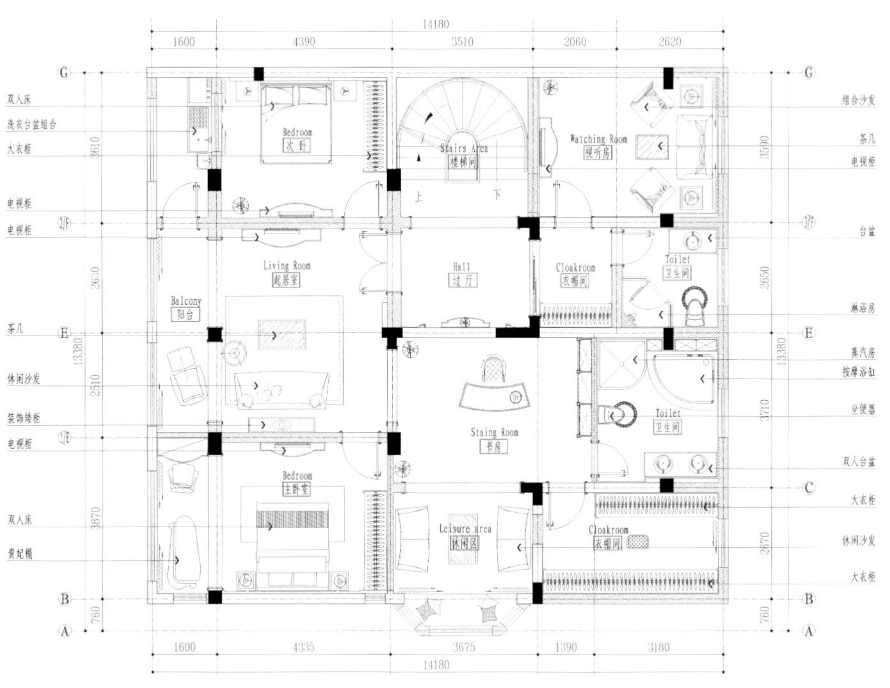

14180
1600
4390
3510
2060
2620
双人床
洗衣台盆组合
大衣柜
电视柜
电视柜
茶几
休闲沙发
装饰矮柜
电视柜
双人床
贵妃榻
Bedroom
次卧
Stairs Area
楼梯间
上
下
Watching Room
视听房
Living Room
起居室
Hall
过厅
Cloakroom
衣帽间
Toilet
卫生间
Balcony
阳台
Staing Room
书房
Toilet
卫生间
Bedroom
主卧室
Leisure area
休闲区
Cloakroom
衣帽间
组合沙发
茶几
电视柜
台盆
淋浴房
蒸汽房
按摩浴缸
坐便器
双人台盆
大衣柜
休闲沙发
大衣柜
3610
2630
2510
3870
760
13380
3590
2650
3710
2670
1600
4335
3675
1390
3180

二层平面布置图

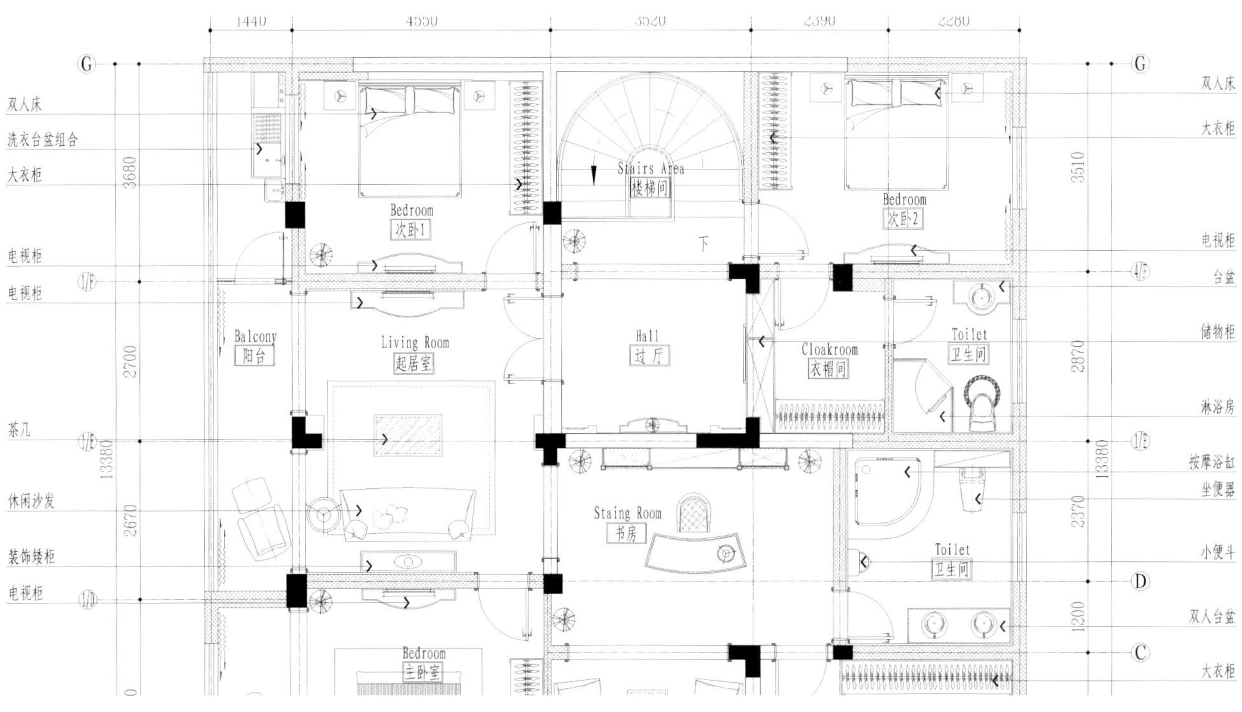

1440
4550
3520
2390
2280
3680
2700
2670
13380
3510
2870
2370
1200
13380
双人床
洗衣台盆组合
大衣柜
电视柜
电视柜
茶几
休闲沙发
装饰矮柜
电视柜
Bedroom
次卧1
Stairs Area
楼梯间
下
Bedroom
次卧2
Balcony
阳台
Living Room
起居室
Hall
过厅
Cloakroom
衣帽间
Toilet
卫生间
Staing Room
书房
Toilet
卫生间
Bedroom
主卧室
双人床
大衣柜
电视柜
台盆
储物柜
淋浴房
按摩浴缸
坐便器
小便斗
双人台盆
大衣柜

三层平面布置图

天津玫瑰湾

Tianjin Rose Bay

设计单位：东易日盛原创国际别墅设计中心　设计师：吴巍

项目地点：天津宝坻区

项目面积：450 平方米

本案定位为不脱离城市的现代气息，同时与城郊自然更为亲近。项目结合古典与现代的装饰元素，将整个空间打造的大气舒适又不雅致。

在空间上，采用动静区的灵活过渡，局部颜色的点缀和对比，曲直流线的完美结合。半透明材质的多处运用，与自然花卉造型的结合，使得空间现在气息十足且不失违和感。

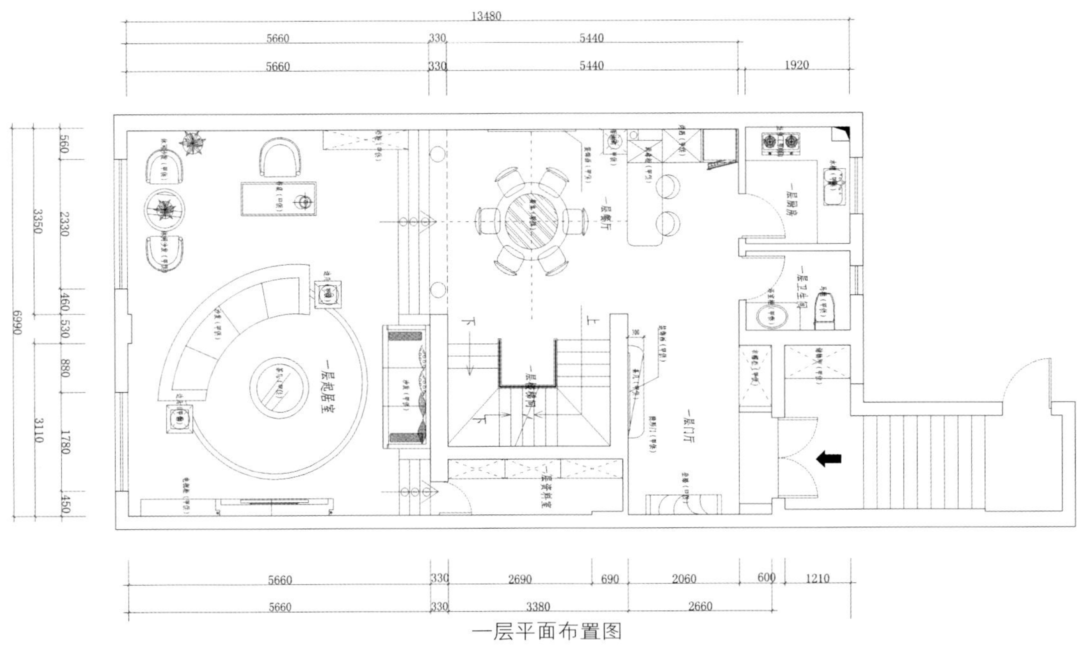
13480
5660
330
5440
5660
330
5440
1920
5660
330
2690
690
2060
600
1210
5660
330
3380
2660

一层平面布置图

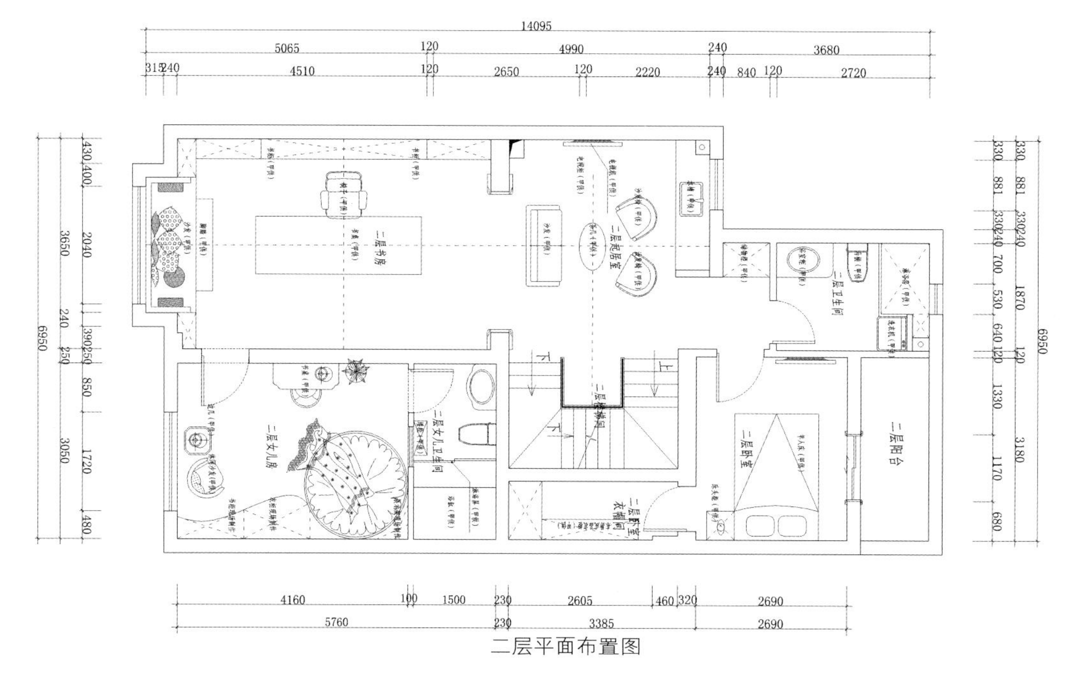
14095
5065
120
4990
240
3680
315
240
4510
120
2650
120
2220
240
840
120
2720
4160
100
1500
230
2605
460
320
2690
5760
230
3385
2690
6950
6950

二层平面布置图

北固湾 A 户型别墅

BeiGuwan Villa

设计单位：重庆尚壹扬装饰设计有限公司　设计师：谢柯 支[illegible] [illegible]开庆 汤洲

项目名称：招商镇江北固湾 A 户型别墅

项目地点：江苏镇江

项目面积：435 平方米

主要材料：木作、墙纸、石材

摄 影 师：汤洲

本案在欧式风格中融入了中式元素，运用了大量青花瓷作点缀，使整体设计呈现出一种维多利亚女皇时期中西交融的时代感。配色上使用了多层次的蓝色，天蓝、浅蓝、湖蓝、靛蓝、宝蓝等，与青花瓷的“中国蓝”相呼应，把素雅明净的中国传统美和精致繁复的欧洲古典美相调和。

客厅的背景墙采用了浅蓝色和浅黄色的田园风小碎花壁纸，用古典的宫廷风白色石膏装饰线作分割，搭配中国风十足的工笔画，风格多变却不杂乱。宽大、厚重的家具是欧式风格的代表，餐厅里的大餐桌和凳子都是深棕色，更增添了稳重感。

湖中的香榭丽舍

Champs Elysees In Lake

设计单位：北京东易日盛南京分公司　设计师：陈熠

项目地点：安徽马鞍山市

项目面积：500 平方米

依山傍水的优越地理环境，为本作品的营造出浓厚的度假情趣。因此本作品结合得天独厚的环境，将室内设计部分巧妙的与周围环境相结合，为业主营造出美式乡村的度假别墅。

本作品中的美式乡村风格可谓是集中了美式乡村风格的所有特点，无论是室内的哪个角落，都能体会到浓浓的美式乡村风情，例如壁炉旁怀旧的唱片机，哑口的独特造型等等。整体风格定位将大自然的气息引入室内，再增添美式风格里精致的部分，让整体环境既有乡村田园的惬意，又有质感的精致品位。

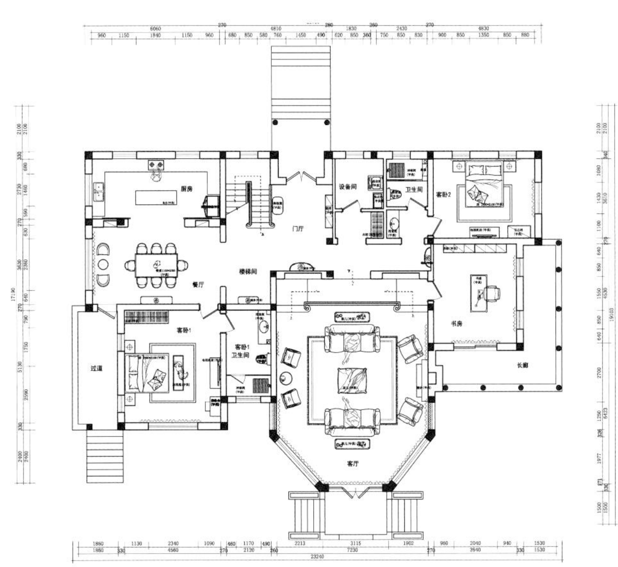

一层平面布置图

SPANISH
BAR

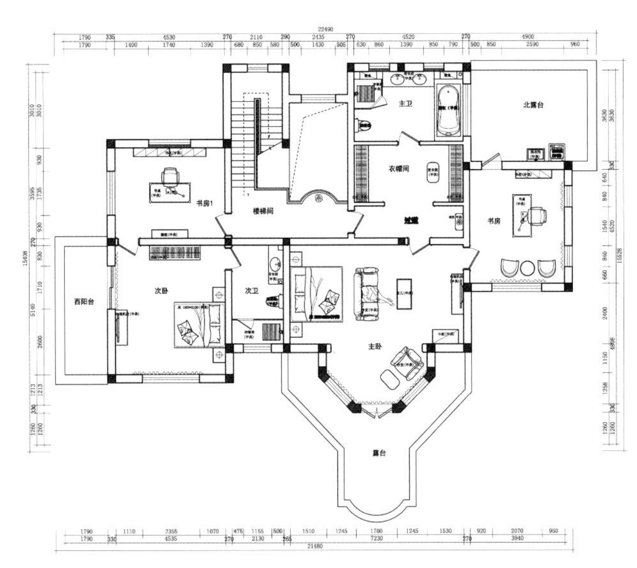

二层平面布置图

轻人文古典

Elegant Personality

设计师：蔡媛怡

项目地点：台湾台北市

项目面积：500 平方米

主要材料：金鹰艾格木地板、RAK 地砖

本案以“度假、休闲、聚会”的概念植入设计元素当中，一楼以会所式的创意规划，二至六楼则以轻古典意象安排休憩机能，让居住者能视不同活动需求弹性选用空间。

七米挑高高度的气势、拉高窗线的长窗设计，使得空间擘画开阔而舒适。贯穿二、三楼楼板的垂直墙面，系设计师与当代艺术家跨界合作下的元素，后现代的创意表现，利用斑驳衍生旧表情，结合新的媒材元素，揉进了淡雅素简的背景当中，为动线添入了视觉游赏的感受，成为视觉的焦点意趣。新古典样式的家具、艺术品的呈现，让整体氛围展现出融混的特色。

BEING
PASSIONATE
KELLY HOPPEN HOME

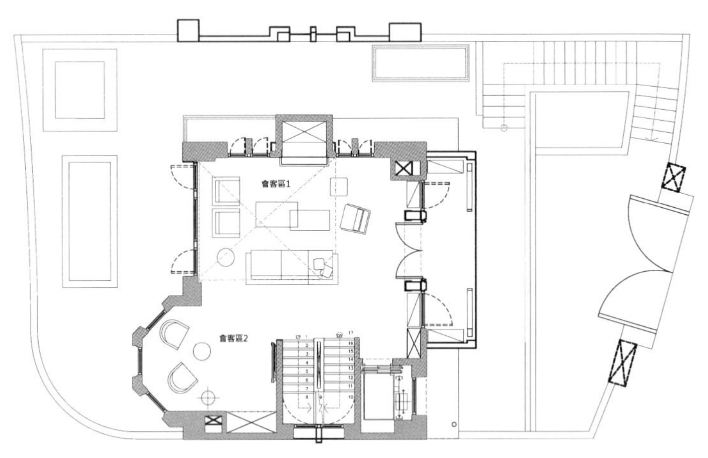

一层平面布置图

二层平面布置图

皇都花园别墅

Garden Villa

项目地点：上海市闵行区

项目面积：500 平方米

主要材料：爵士白大理石、鳗鱼皮、珍珠鱼皮

这套住宅设计以“GALLERY——画廊”为主题创意概念，让家的空间从装修到家具，从装饰到陈列，无不展现出一个“画廊”的百变魅力。

设计师不墨守成规，在充分符合空间人体工学与使用舒适度的基础上，以近乎魔方的创想，让设计风格成为无界限的艺术。在规律或不规则中进行变化，展现使用者本身的心境故事。整个空间以白色为主基调，空间环境随心而动。时而水墨淋漓，时而春意盎然，一切都是最自然的表现，却都带着人生历练的生活印记，每个地方都有心情的故事，让风格成为“幸福感”独有的催化剂。

LUXURY HOTELS
NEW BARS & RESTAURANTS

石山高尔夫别墅

Silver Golf Villa

设计师：史湛铭 参[illegible]师：刘悦鹏

项目地点：北京

项目面积：600 平方米

本案经典的传递出纯粹而浪漫的自然田园风情，满足了人们细腻，温婉的情感需要。项目属远离城市喧嚣的度假型别墅，以舒适田园风格为主线的空间，点缀了一些精致典雅的时尚元素。

布局上规整有序，动静分区明确，娱乐空间，生活空间贯穿联系脉络清晰，空间的私密性和连贯性都得到了很好的诠释。自然，个性，品质，环保是选材方案的亮点，家具布置与空间密切配合，使室内布置连贯，有序，富有时代感和整体美。

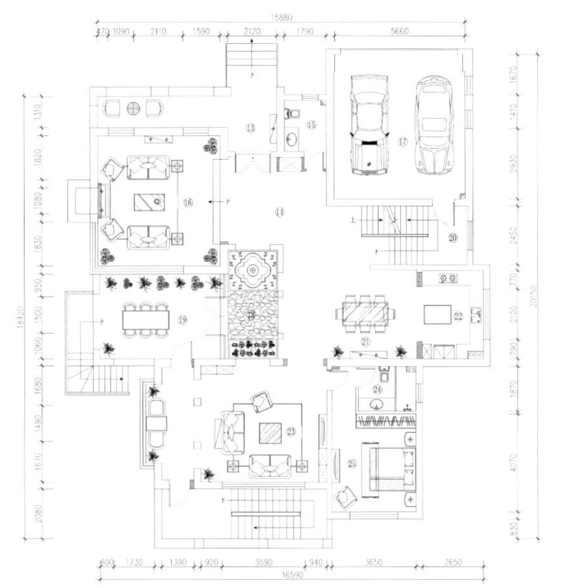

一层平面布置图

波特曼建业里别墅

Portman Jianyeli Villa

设计师：吴滨

项目地点：上海市岳阳路 190 号

项目面积：408 平方米

主要材料：雅士白大理石、花鸟彩绘壁纸

波特曼建业里正以此为切入点传承中国海派文化之内涵，又将现代生活讲究舒适、摩登与雅致的生活情怀融入其中。打造出一种既有时代特征，又饱含历史文化韵味的全新物业空间体验。

在保留了波特曼建筑外在形态的同时，将传统文化之根与现代装饰艺术之魂相互交融。如，东方旗袍元素、Art Deco 装饰几何图形，都是设计师创意中的灵感要素。既保持老建筑历史沧桑的一面，又以现代手法，展示出现代海派风格极富活力的锐意精神。这种活在当下，体味文化，展示未来的创意思想，成为了当代海派艺术文化最佳的体验之所。

情迷大都会

Discovering Mets

设计单位：上海乐尚装饰设计工程有限公司　设计师：袁盛梅、苏英

项目名称：苏州九龙仓尹山湖碧堤半岛联排别墅

项目地点：江苏省苏州市

项目面积：398 平方米

主要材料：胡桃木染色饰面、米白色聚酯漆表面、黑色花理石、迪克米黄理石、玫瑰金属、几何条纹壁纸

本案所推出的大都会风格代表了一种摩登的生活方式，这种生活方式追求简洁但是同时保持着华丽，是流行且时尚的但同时也可以成为经典。流露出一种低调的奢华。它适合的人们是追求精致生活，希望自己的家能够时时刻刻散发出独特的魅力的人们。适合的是那些永远和时尚生活齐头并进的人们。

本案空间开阔，装饰精简，特色在于大量的使用皮革材质、精密平整的度洛金属。大胆的设计理念，让线条呈现前卫感。米色、灰色等中性色彩充斥，再加入温暖的主色系为主轴色。

XV SALON
DECORATEVRS

MICHAEL JACKSON
LIFE IS IN
NEED TO
CLASSIC
THE BEATLES
i think everybody
should like
everybody
Pepsi-Cola

LIFE IS IN
NEED TO
CLASSIC

圣莫利斯别墅

Jindi Royal Villa

设计单位：矩阵纵横设计团队

项目名称：深圳圣莫利斯 13 栋复式

项目地点：深圳

项目面积：240 平方米

主要材料：石材、皮革硬包、进口墙纸、黑檀木饰面

本案是一个在深圳很有知名度的楼盘，在销售接近尾声的时候开发商推出珍藏的顶层复式单位，由于产品的稀缺和不可复制性，业主方希望将其打造成为独一无二的顶层行宫。

设计师根据业主的需求，调整了原来狭小拥挤的立体交通动线，开辟出了独立的楼梯厅，并将空中私享会所的概念引入，呼应了顶层露台开阔空间的娱乐功能。将一般只能出现在别墅的休闲娱乐区域（如红酒房，视听间等）赋予了一个原本只是简单平层叠加形成的复式空间，为其销售加足了分！

17600
2200
600
3100
700
1500
300
2400
1600
600
600
1600
1200
500
700
休闲露台
17.0m²
上
次主卫
5.7m²
老人房
13.0m²
次主卧
15.3m²
公卫
5.0m²
衣帽间
3.6m²
客房
12.6m²
楼梯厅
上
餐厅
10.1m²
客厅阳台
12.7m²
客厅
29.9m²
厨房
11.2m²
工作阳台
3.24m²

一层平面布置图

17600
2200
600
3100
700
1500
300
2400
1600
600
600
1600
1200
卫生间
5.9m²
子女房
13.2m²
主卧
15.24m²
公卫
5.0m²
±0.000
下
书房阳台
17.3m²
楼梯厅
5.7m²
+0.150
+0.750
上
水吧
13.0m²
休闲露台
9.4m²
影音室
25.2m²
4950

二层平面布置图

复地花屿城

FU DI HUA YU CHENG

设计师：戴勇

项目名称：重庆复地花屿城

项目地点：重庆

项目面积：330 平方米

主要材料：蒙娜丽莎白云石、乔布斯云石、凤羽蓝云石、马赛克、白橡木、墙纸

重庆复地花屿城项目以法国吉维尼小镇为规划概念，希望打造一个重庆的“鲜花小镇”，要求我们在设计中表达出法国田园的浪漫氛围和古典奢华的尊贵气氛，营造一个色彩绚烂，奢享温馨的女性主题空间。

整个空间的设计，如同印象派画家的笔触一般平静而细腻，传达出清新隽永的格调，田园休闲与典雅高贵并容。客厅地面以纤细小巧的石材马赛克铺就优雅精致的图案，餐厅墙上大幅风景油画带来幽深而神秘的意境。室内萦绕的田园气氛，渲染一种悠远的浪漫思绪。或许，你我也会像莫奈一样，一旦爱上了，就再也不愿离开。

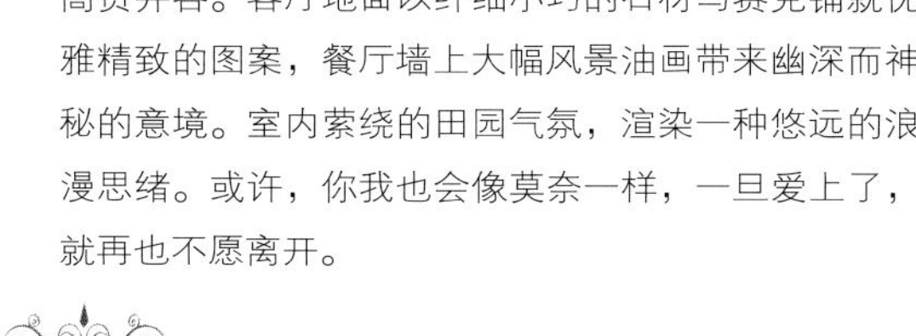

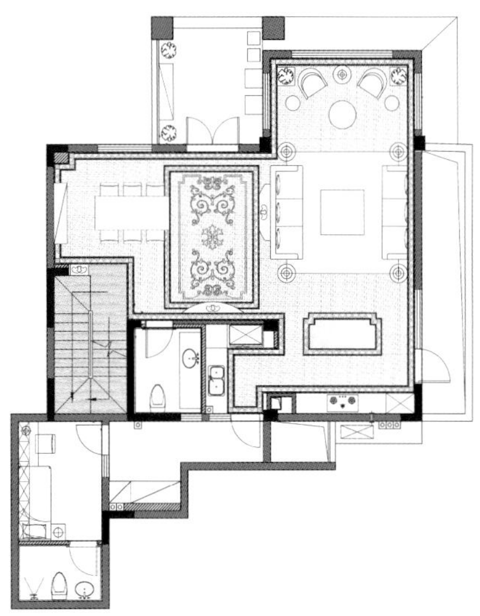

一层平面布置图

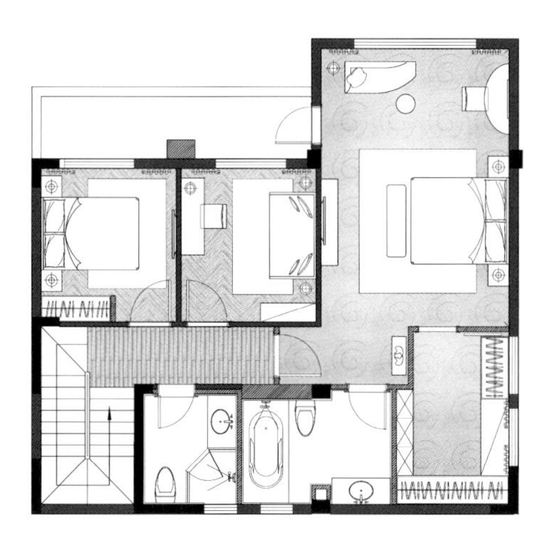

二层平面布置图

灵昆别墅

Lingkun Villa

设计师：俞德荣 参与设计师：陈敬伦

项目地点：灵昆岛

项目面积：600 平方米

别墅外观采用花岗岩湿贴。整体性强，耐久。与园区的景观融为一体。采用大宅的中轴线对称设计手法。空间分布上功能明确，动静分明。以楼梯的为主轴动线，贯穿始终。

一楼，二楼公共区域的地面和墙面采用莎安娜大理石。卫生间大理石。阳台采用廉价但质优的仿古砖拼花铺贴。房间采用实木地板。

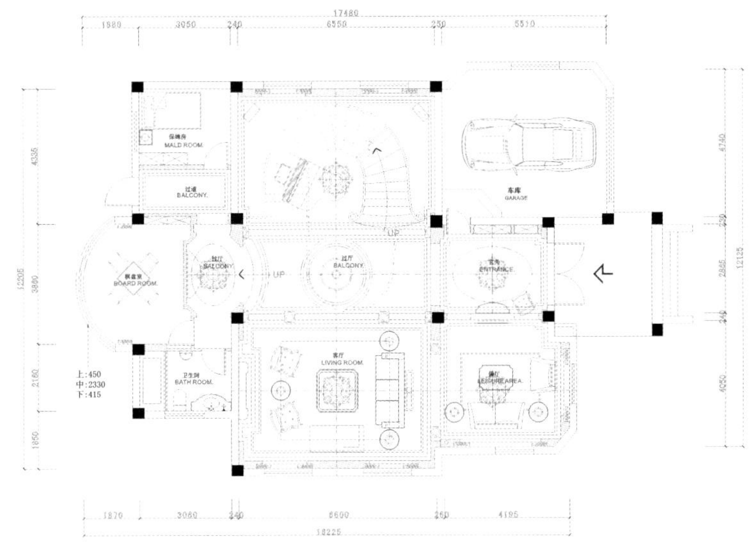
17480
1880
3050
240
6550
250
5510
保姆房
MALD ROOM.
过道
BALCONY.
车库
GARAGE
UP
过厅
BALCONY.
玄关
ENTRANCE
BOARD ROOM.
客厅
LIVING ROOM.
卫生间
BATH ROOM.
LEISURE AREA.
上:450
中:2330
下:415
4335
3880
2160
1850
12205
4740
2885
4050
12125
1870
3060
240
6600
260
4195
18225

一层平面布置图

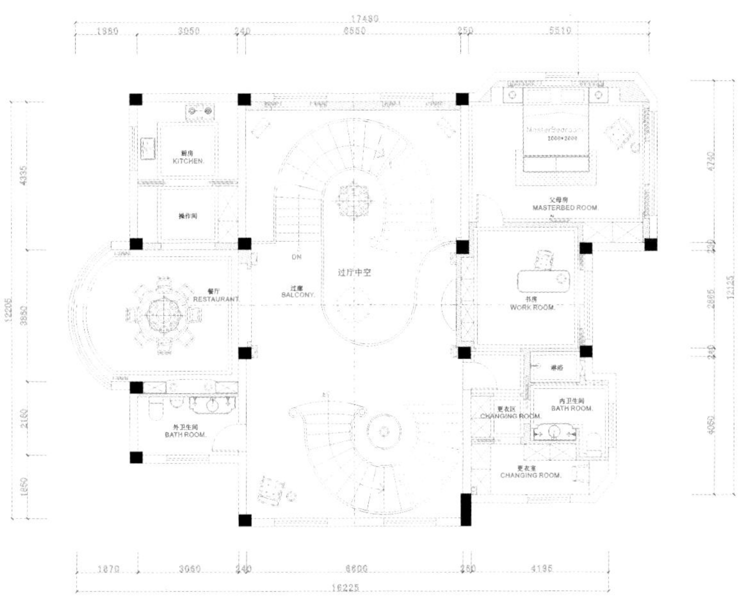
17480
1980
3050
240
6550
250
5510
厨房
KITCHEN.
操作间
父母房
MASTERBED ROOM.
2000*2000
DN
过厅中空
餐厅
RESTAURANT
过廊
BALCONY.
书房
WORK ROOM.
淋浴
内卫生间
BATH ROOM.
更衣区
CHANGING ROOM.
外卫生间
BATH ROOM.
更衣室
CHANGING ROOM.
4335
3850
2160
1850
12205
4730
2805
4050
12125
1870
3060
240
6600
260
4195
16225

二层平面布置图

龙湖长桥郡别墅

Longhu Changqiaojun Villa

设计师：

项目地点：四川成都

项目面积：330 平方米

结合业主的需求以及现有户型的特点，设计师将整套案例的功能化发挥到了极致，地下室单层一百平米的空间里，布置了尺度适宜的棋牌室、洗衣房、保姆间、视听室、酒吧、酒窖、储藏间等多用途空间。

整套案例以美式乡村风格为主，所以在选择主材以及家具陈设上面均以能纯粹表达材质质感的标准来执行，地下室壁炉的古堡石、酒窖原滋原味的红砖、做旧炭烧木吊顶，以及蜡牛皮的做旧沙发，都表达了浓浓的怀旧美式风格。

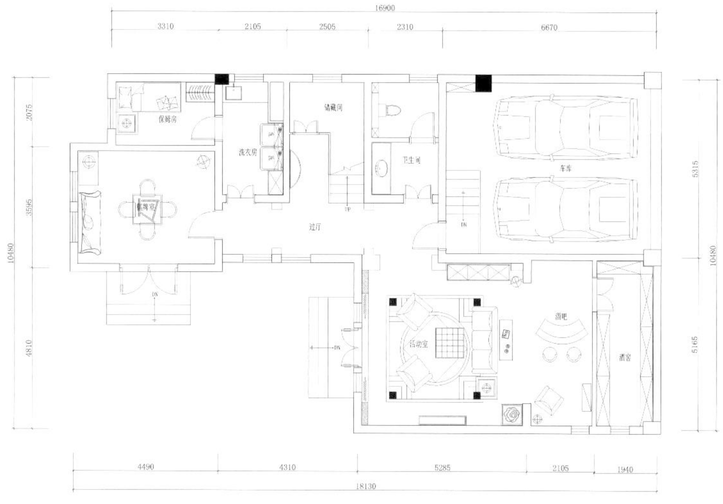

16900
3310
2105
2505
2310
6670
保姆房
储藏间
洗衣房
卫生间
车库
过厅
UP
DN
活动室
酒吧
酒窖
2075
3595
4810
10480
5315
5165
4490
4310
5285
2105
1940
18130

一层平面布置图

滇池龙岸 B 户型别墅
Dianchi Lake in Kunming Long Shore B apartment Villa

设计师：罗玉立

项目地点：云南省昆明市

项目面积：567 平方米

美式风格受到了美国文化的深刻影响，追求自由的美国人把舒适当作居住环境的营造上的主要目标。

室内彩色的规划上以蓝色调为基础，在墙面与家具以及陈设品的色彩选择上，多以自然、怀旧、散发着质朴艺术气息为主。整体朴实、清新素雅、贴近大自然。山水图案的床品搭配柔软布料，使室内充满了自然和艺术的气息。平面布局整体大方，轻松优雅，体现出美式风格，舒适，不拘小节的特点。项目强调面料的质地，运用手绘着大自然图案的墙纸，斗橱，布艺等饰品将居室营造出独特的自然气息，符合现代人的生活方式和习惯。

Sunday

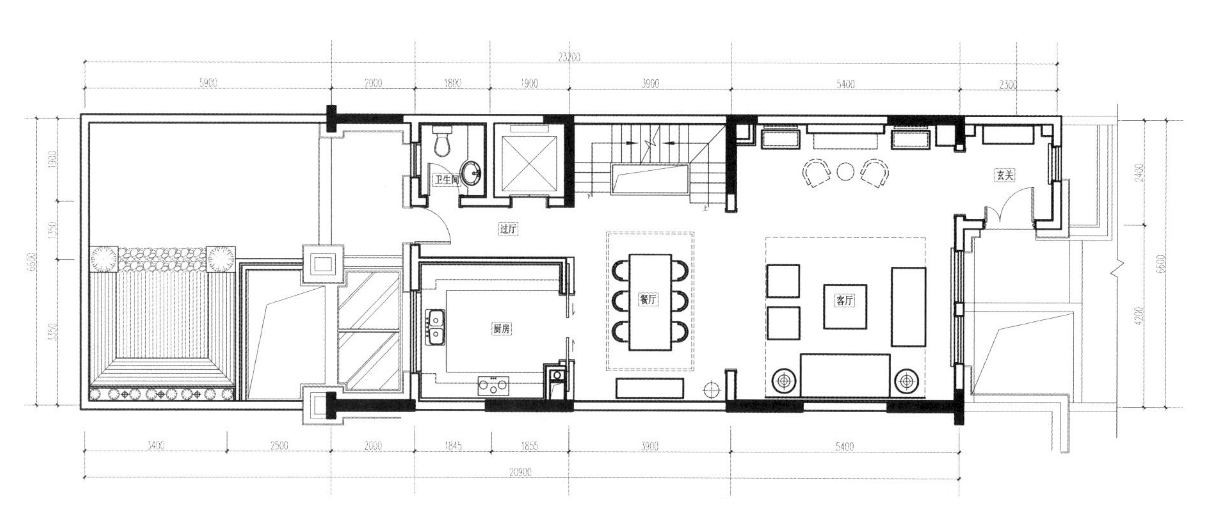
23200
5800
2000
1800
1900
3900
5400
2300
卫生间
过厅
餐厅
厨房
客厅
玄关
3400
2500
2000
1845
1855
3900
5400
20900

一层平面布置图

Balloon

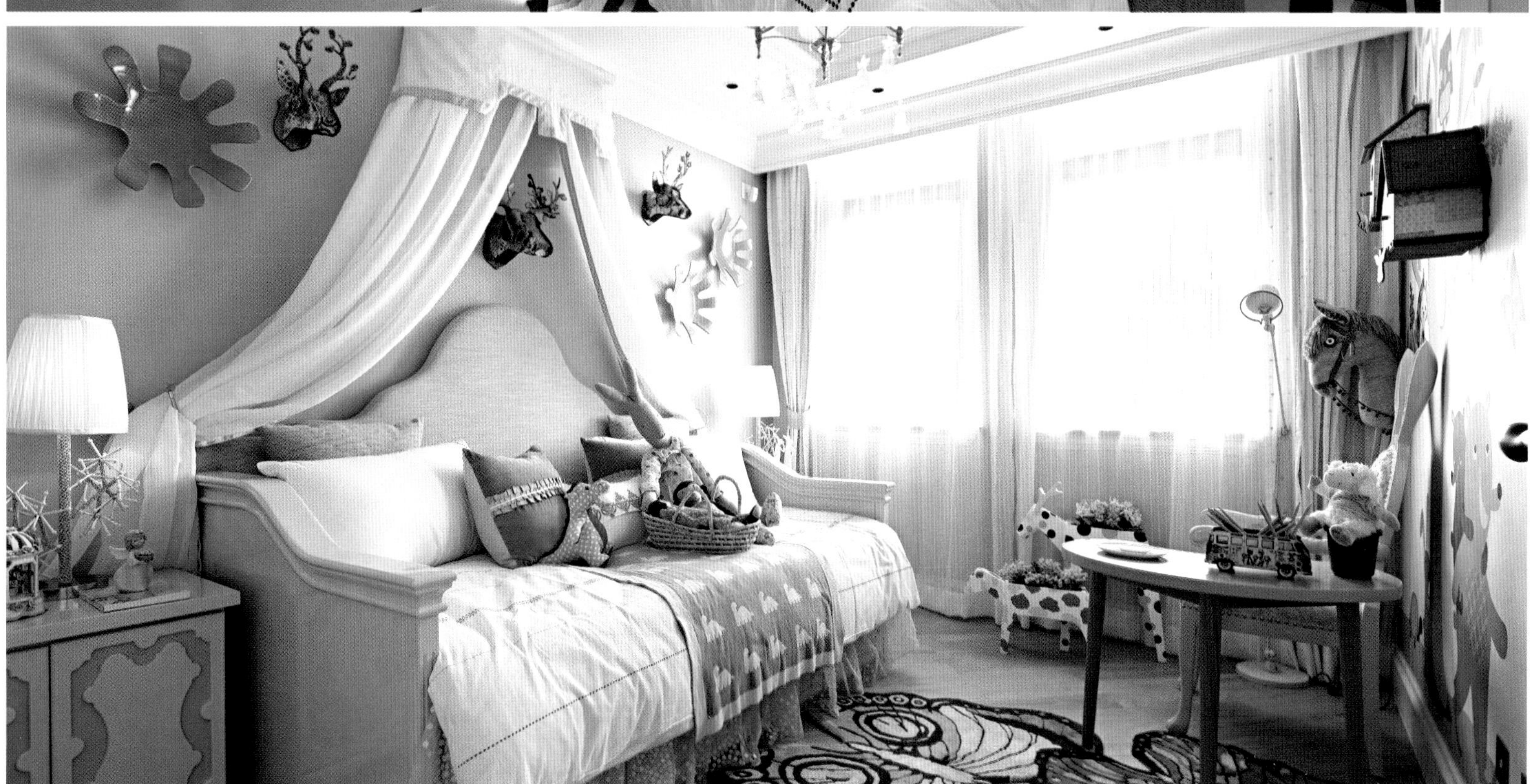

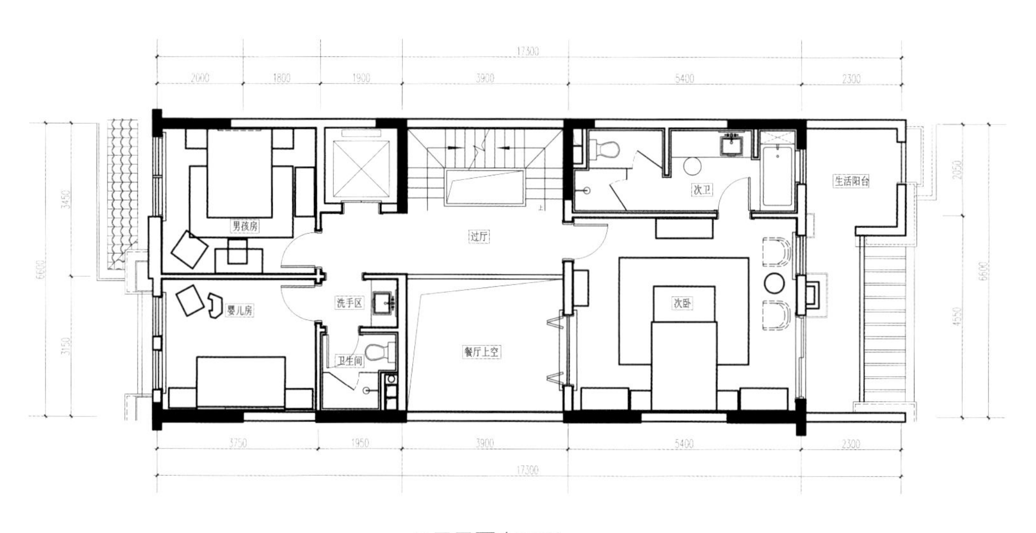

二层平面布置图

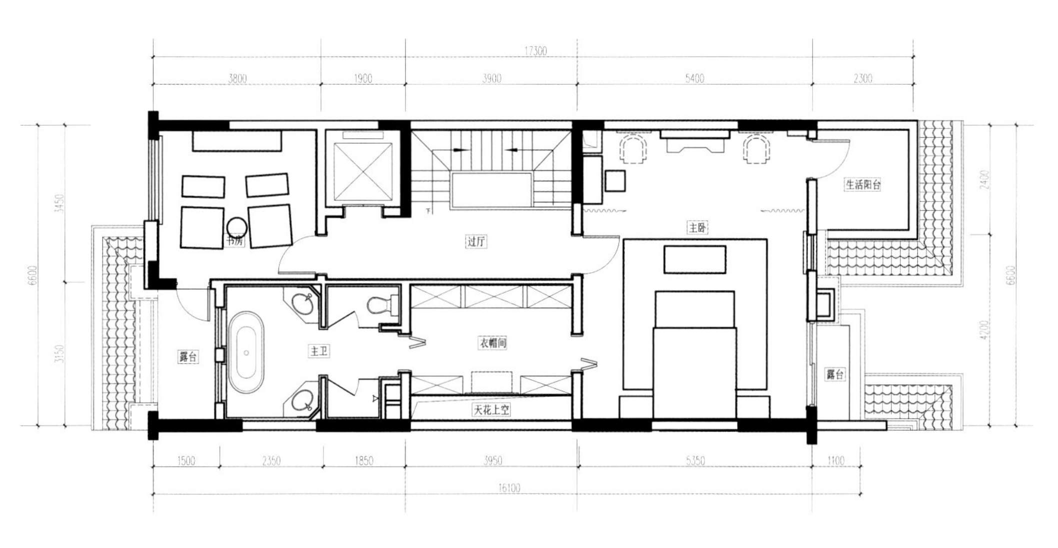
17300
3800
1900
3900
5400
2300
书房
过厅
主卧
生活阳台
露台
主卫
衣帽间
天花上空
露台
1500
2350
1850
3950
5350
1100
16100
3450
6600
3150
2400
4200

三层平面布置图

中海寰宇天下

Deep Friendship

设计师：刘卫军

项目名称：沈阳中海寰宇天下——依本多情

项目地点：辽宁省沈阳市

项目面积：213 平方米

在这套住宅中设计师运用了绿色为主色调，让整体空间舒适宜人，同时泛着高贵典雅的气质。客厅的层高优势为主人营造了大气的空间氛围，和着室内简练的线条泛起阵阵诗意，顶上的大型水晶吊灯与沙发边桌上的台灯风格统一。

跃层的独特设计，引领的是另一种居住环境，也增强了空间的层次感，并为主人营造了良好的私密性。二层的书房、卧室也迎合着整体的色调及风格，静谧而自由，主人可以在此听闻窗外鸟语花香，追忆生活的场景片段。让原本平淡的住宅空间如沐春风般焕发出新的活力。

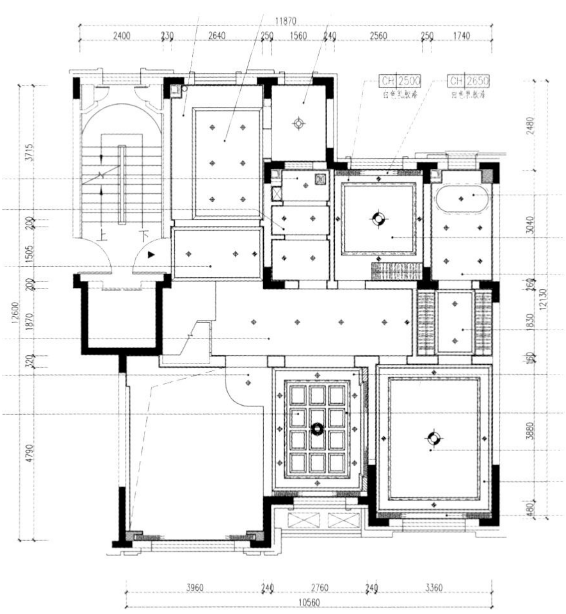
11870
2400
230
2640
250
1560
240
2560
250
1740
CH 2500
CH 2650
2480
3040
260
1830
160
3880
480
12130
3715
200
1505
200
1870
320
4790
12600
上
下
3960
240
2760
240
3360
10560

一层平面布置图

Furniture history
Furniture history

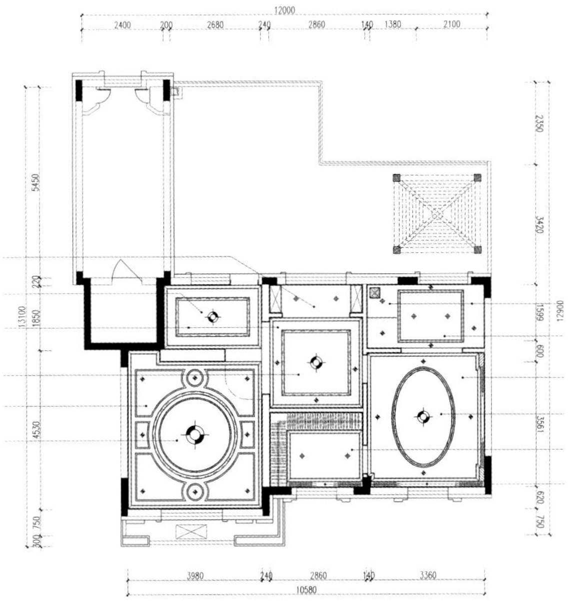
12000
2400
200
2680
240
2860
140
1380
2100
2350
3420
12900
1599
600
3561
620
750
5450
220
1850
13100
4530
300
750
3980
240
2860
140
3360
10580

二层平面布置图

远航 · 紫兰湖国际高尔夫别墅

Yuanhang Violet Lake International Golf Villa

设计师：方峻

项目名称：远航 · 紫兰湖国际高尔夫别墅 A3

项目面积：720 平方米

我们试图诠释出意大利新古典的格调，整个设计以更加温馨的手法来营造出引人入胜的视觉效果，使大家与空间有着更多的互动。

新古典风格有着更多的意大利十八世纪元素来衬托出空间的精神，也有着更多的表现形式。起居空间设计给人以尊崇感，黑白相间的条纹的元素呈现出的是一份既现代而又古典的气韵，中间的装饰与点缀使空间呈现出更加良好的视觉效果。而空间的动线设计让人们走在空间中可以更加随意而自然，不至于受到过多的干扰，个中体验不言而喻。

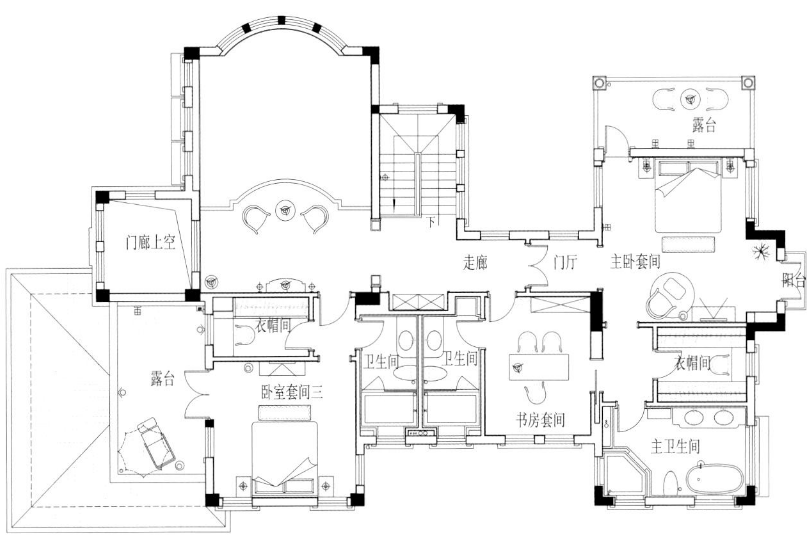

负一层平面布置图

SAFI

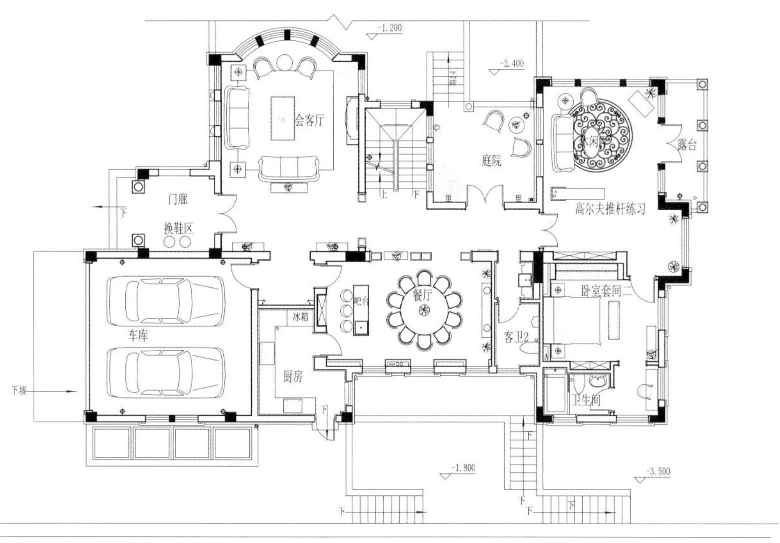
-1.200
-2.400
会客厅
庭院
露台
门廊
换鞋区
高尔夫推杆练习
车库
吧台
餐厅
冰箱
客卫2
卧室套间二
厨房
卫生间
下坡
-1.800
-3.500

一层平面布置图

SAFI

FEN

TOGETHER

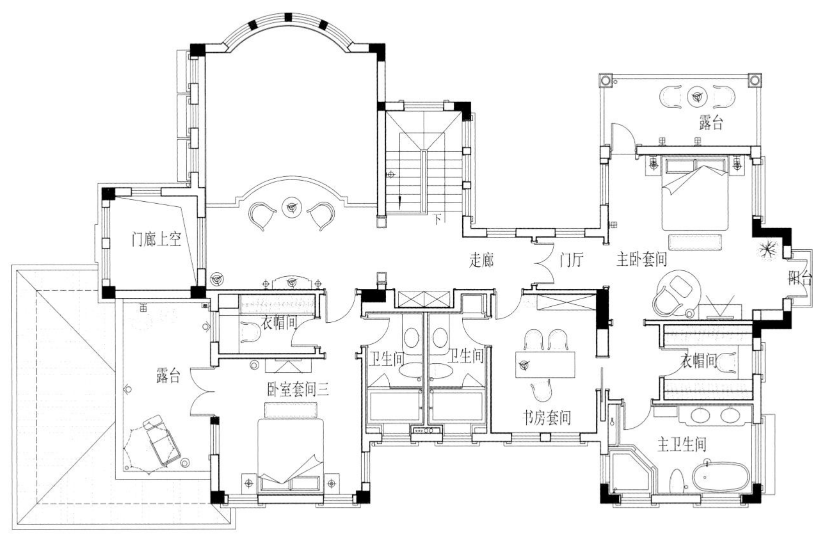

二层平面布置图

新世纪的城堡

South

设计单位：上海唐玛空间设计有限公司　设计师：洪斌

项目地点：福州主题公园别墅区

项目面积：345 平方米

摄 影 师：周跃东

主要材料：泛美地板、艺术墙板、米洛西石材、万事达灯饰、美邦家具

这是一套三层的别墅，经过与业主的沟通，决定去诠释一种新古典风格的欧式。

整个空间的墙面都采用了艺术板饰面。通过新的工艺手法及材料在加上家具和配饰，烘托出浓浓的新古典主义风格。在这个空间里，楼梯是在其中间。我们用雕塑的手法来塑造它。使其成为整个空间的一大亮点。

本案中的灯光也尤为突出，灯带不是常见的黄色或白色灯光，而是选了略带绿色的光源。其与黄色的墙板相呼应，不会让人逗留在这个空间里而觉得烦闷。

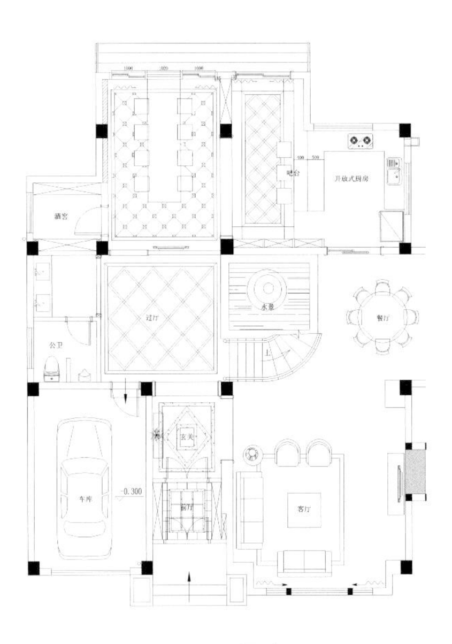

一层平面布置图

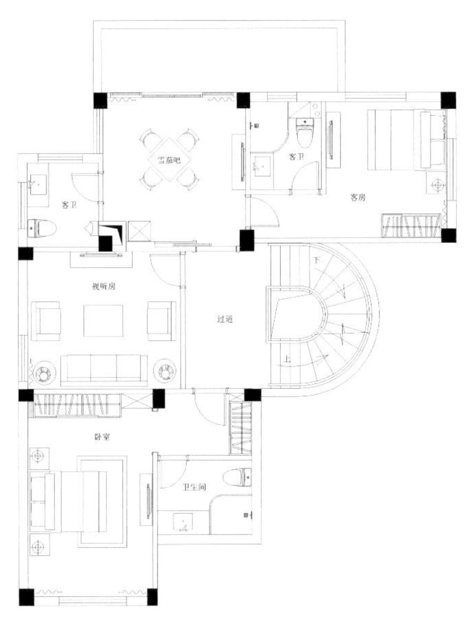

二层平面布置图

苏州太湖天阙

Suzhou TaiHu Thani

设计单位：上海筑木空间　设计师：陈洁

项目地点：江苏省苏州市

项目面积：660 平方米

主要材料：木地板、大理石、仿古砖、花砖、马赛克、新西兰羊毛地毯、橡木实木

整个项目的建筑包括园林，由德国人设计，别墅全部钢结构，窗外的绿化已种植了 10 年，郁郁葱葱。根据环境的特点，本案别墅设计定位为度假型别墅，主推生活化的设计理念。整套作品融合了欧式乡村和现代风格和谐的统一。

作品在空间布局上，将二楼主卧里面加盖了一个楼中楼的自己的小书房。地下室采用开放空间及地面采用仿古砖。

SEAFOOD
PUBLIC TELEPHONE
5¢
Chianti

CATHY

Clam
Bake
Fresh
SEAFOOD
PUBLIC TELEPHONE
5¢
Chianti

嘉和城天著
Jiahecheng Tianzhu

设计师：成杰

项目地点：广西南宁市

项目面积：1800 平方米

主要材料：红樱桃木饰面、石材、仿古砖、马赛克、地毯、壁纸、布艺

嘉和城天著导入室内先行概念，在室内功能空间充分表现的基础上做建筑，实现建筑为室内服务的最终目的。结合原建筑的西班牙风格，同时实现空间感受上能有与环境融合的体验感。城市生活让我们过于关注室内而忘记自然，过于追求物质而丢弃了生活本真。

嘉和城天著打造的理想生活方式不是在一个所谓的英式、法式的大宅子里，而是在花园、在绿茵、在草地上的生活。因此如何展现这种自然休闲的生活方式成为天著设计的原点。

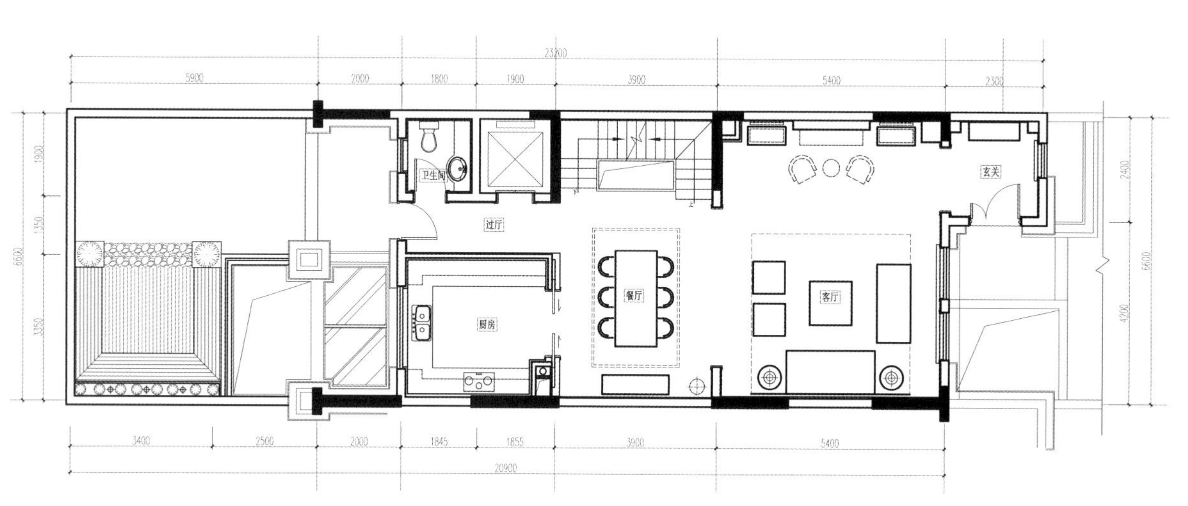
23200
5900
2000
1800
1900
3900
5400
2300
卫生间
玄关
过厅
餐厅
客厅
厨房
3400
2500
2000
1845
1855
3900
5400
20900

一层平面布置图

GURSKY 80-08
21.2-3.5

London Herald
FLYING MACHINE
TAKES TO THE AIR!

悦荣府别墅

YueRo... ...lla

设计单位：……问有限公……设计师：唐嘉骏

项目名称：美城　悦荣府别墅样板间

项目地点：江西南昌

项目面积：430 平方米

主要材料：石材、PU 硬包、复古铜、饰面板、仿古镜

本案采用混搭方式——体现对人性全新的理解和张扬。设计师强调空间整体性，从设计元素中提炼出既简单又最具变化的点、线、面，用自然简洁和理性的规则、干净利落的收口方式，将精致贵气的主题渗透到整个空间。

全案定调在营造舒适高品质空间主题的同时也强调倡导细节之美，设计师力求让空间在此作为主人性格特征及身份、地位的象征，所有的设计语言都在于诠释于一个贵气而精致的居住环境，使空间得到了一次高品质的提升，让一个苍白的建筑体瞬间赋有了内敛的审美情趣。

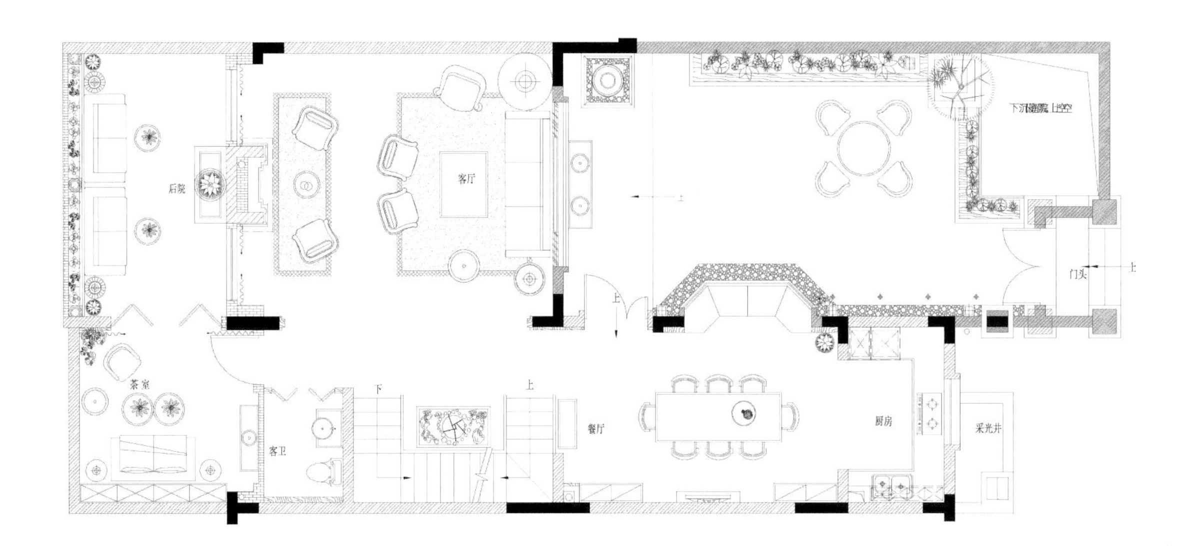

一层平面布置图

WAREHOUSE

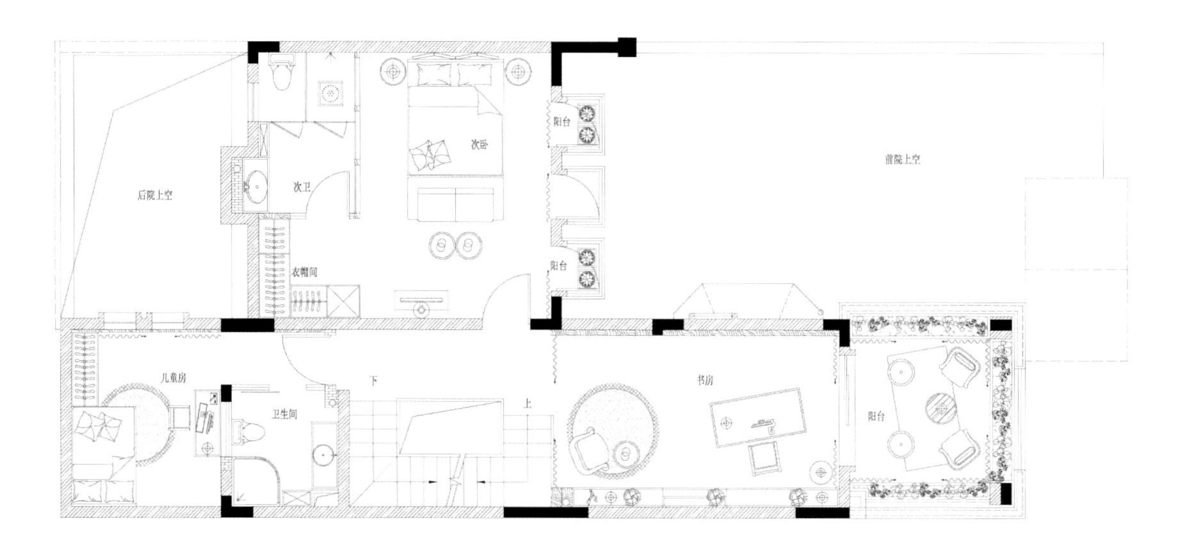

二层平面布置图

CHANEL

熙岸世家

XI'AN SHIJIA VI[illegible]

设计单位：HSD 水平线[illegible]

项目名称：中海熙岸世家

项目地点：江苏省苏州市

项目面积：337 平方米

主要材料：西班牙米黄、金世纪、帝黄金、钨钢钛金条、木饰面、彩色玻璃

摄 影 师：孙翔宇

“出新意于法度之内，寄妙理于豪放之外，盖所游刃有余，运斤成风者耶”。或许这就是设计者们所求的“葵花宝典”吧，它注重运用对比与矛盾所产生的反差，以寻得另一种极致的宁静。

设计师用这种理性的设计手法作为装饰的法度，为空间内铺垫出寂静，朴素的意境美，让观者在进入空间之初就能感受到这份未经雕琢的人文气质，亦突出了空间自身的机构之美，让有机建筑空间充满着动态的方位诱导，而非追求耀眼的视觉效果。不论如何创新，都能将万千精华约定在同一法度之中而自成一派。

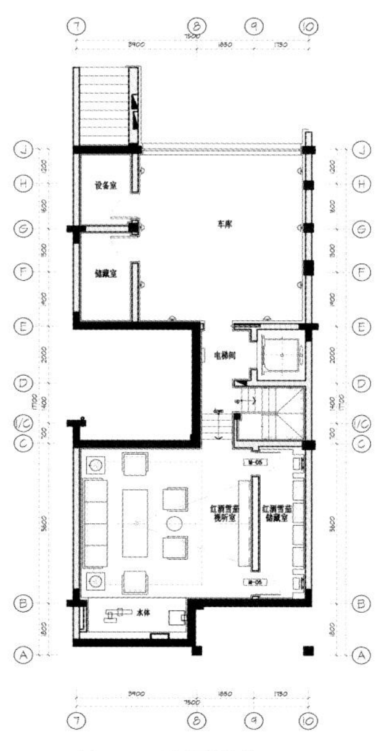

地下一层平面布置图

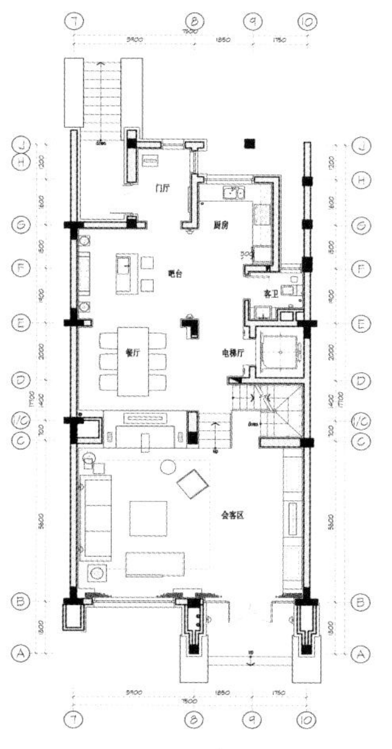

一层平面布置图

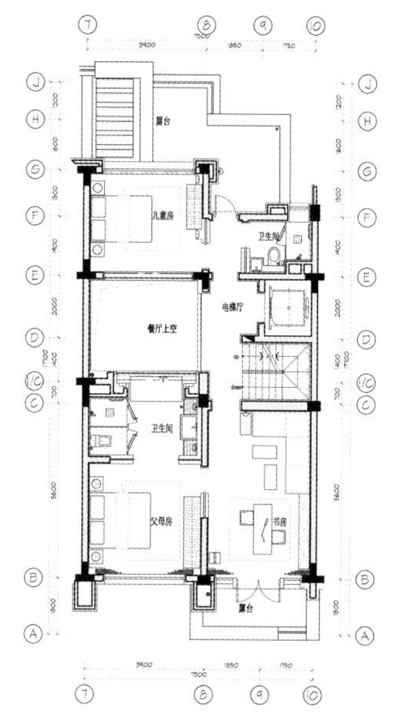

二层平面布置图

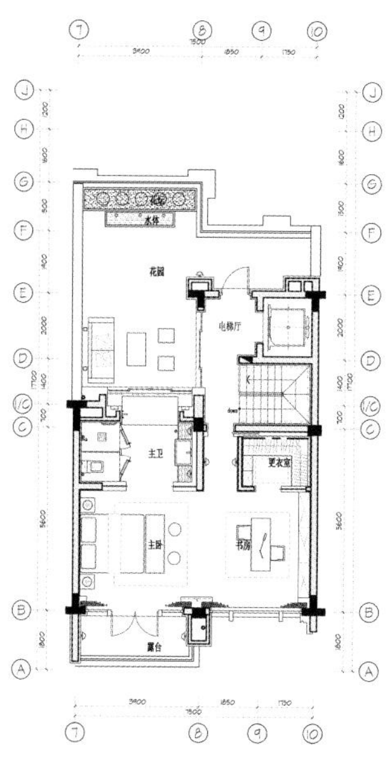

三层平面布置图

香格里拉花园

Shangri-La Garden Villa

设计单位：TY34精品设计中心

项目名称：镇江香格里拉花园

项目地点：江苏省镇江市

项目面积：600 平方米

本案设计风格定位为欧式田园风情，通过设计师的整体设计，作品达到了浓浓的田园风情和华贵的欧式典雅。

在软装搭配上，设计师采用了布艺、配饰、灯具等烘托出欧式的田园；在色彩搭配上，白色、米黄、淡淡的灰色，一起烘托出田园的清新淡雅。在空间布局上，规划合理，大空间、小细节的组合，达到了欧式整体的空间感和局部的精致感。

波尔多庄园

Bordeaux Villa

设计师：吴滨

项目名称：大连波尔多红酒庄园

项目地址：大连市金石滩 5A 级国家旅游度假风景区

项目面积：850 平方米

主要材料：进口罗马洞石、橡木做旧染灰

大连的波尔多庄园以“雍容、浪漫、纯粹”的法式生活模式为主题，极力倡导“生态、康体、休闲、度假、异域风情”的生活理念，并结合东方人的生活观，将儒家文化充分的融入其中。

设计上，局部空间以红色为主调，辅以欧洲古典巴洛克印花壁布，从天花到四周，再从家具到饰品，层叠起伏激荡着视觉的热情，引发探索的渴望。主要空间以中性色调保持典雅和谐，层叠的线条与精艺细致的手工雕花相互运用，让视觉层次分明，错落有致。晶莹剔透的水晶灯，华贵的窗幔，法国宫廷装饰吊顶，这些都无处不体现着优雅奢华的精致生活。